理想工作室

艺术家和设计师的创意空间

创意空间：
工作环境带来灵感

彼得·格拉夫
理学硕士，建筑师

普通人想要寻找灵感，可以散步、上网、度假；设计公司需要灵感来思考和组织设计过程，可以在办公室外租下一个能启发灵感的空间，这有助于他们提出新的观点。从事创造性工作的创意人士每天在工作场所里想要获得灵感应该怎么办呢？

艺术家和设计师需要富有创造力，这便对他们所处的工作环境提出了很高的要求。本书收录了一些全球范围内的出色案例，展示了很多创意人士提出的关于工作空间的设计和布局上的创意设想。然而，本书并未以"创意空间的创意设想"为主旨，而是主张"创意空间对创意设想负责"，创意空间应该成为人们的精神空间，这也是这本精心编辑的书所要传达的内容。

媒介：寻找创意

如何才能创造一个能够不断给人带来灵感的工作场所，这应该是你看本书最想要了解的问题。本书汇集了一些全球有代表性的艺术家和设计师的创意工作场所，意图向读者展现创意空间可以有多种形式——从宁静的工作室到凌乱的工作场所。创意空间如何激发使用者的创造力？这个问题的答案不具有普遍性，每个人都有自己的观点。本书收录的诸多案例可以启发读者，以帮助读者做出选择。

人：创意人士

作为建筑师，我经常接到设计创意空间的委托。我们的客户不仅有创意产业的专业人士，还有愿意为此花费更多时间的非专业人士。创新是有意义的，一项重大任务的完成往往需要具有创意的方案。例如，一对富有创造力的夫妇希望将他们的工作室设在家中（因为有时灵感会在晚上涌现）；一位专业摄影师希望自己的工作室具有工业风；一家公司希望他们的办公室可以让员工有家一般的归属感。面对这些任务，设计师都需要有创造性思维，也需要让这种思维变得切实可行。

问题并不局限于这些需要创意的艺术家和设计师的工作场所。即便是为水敏性户外区域拆除人行道的瓷砖或是为养老院打造一个电动代步车车库，创造性的方法也可以得到应用。如果不仅仅是书中的这些设计师和艺术家，所有人都能在带给我们灵感和启发的环境中工作和生活，那该多好啊！

工作室：老建筑也可以有新用途

如果你尝试在建筑杂志上寻找这样的工作环境，你往往会发现老建筑的新用途。近年来，在我工作的城市——鹿特丹市，大部分落成的住宅项目都是由办公室、学校或商店改造而来的。在同一时期，工厂变成了餐厅，教堂变成了书店，办公室变成了游泳池……重复利用空间似乎是一种惯例而不是特例，这些改造项目确实激发了人们的想象力。关闭"自动操作模式"，为兴趣留出空间——确切地说，这正是设计师更希望实现的目标。

本书收录了各种各样的创意工作室项目，帮助读者了解各种类型的创意空间，例如，绘画工作室可能比摄影工作室更凌乱一些，而设计公司可以将其设计的家具与未铺装的墙面结合起来。然而，本书并不倡导"哪种活动需要哪种空间"，这种"形式服从功能"的方法并不能很好地解决问题。"重新利用"的流行表明：给人以启发的空间可能并不是为某种功能量身定做的。

设计空间：见证奇迹的地方

我认为，"能够激发创造力"对空间来说是非常重要的。就像你在家里看到家人的老照片或是度假时的照片，这些承载着一段历史的东西使你感到有家的归属感一样，你可以通过设计和装饰充满活力的空间来激发自己的创造力。有时，构思和创造是可见的。如果你发现某些东西被设计师在无意识的情况下进行了处理，那有可能它就是通过设计、装饰来激发创造力的例子。你会发现，人们其实已经注意到了"能够激发出创造力"在空间设计中的重要性。创造力一旦被激发出来，一切都可能发生。

在设计创意空间的过程中，一个挑战是如何平衡业主的工作和创作。通常，创作的地方也是接待那些想要了解你的工作的人（客户、学生、同事）的地方，同时也是工作场所和展示空间。接待访客时，你需要暂时将自己从平时的创作环境中抽离出来，你要在这种环境中接待关注你作品的人。你需要向他们展示在这里会发生什么，以及你之前创作了什么，因此，设计空间时要考虑到人们在头脑中进行的创作需要在空间内有所呈现。而在创作的时候，人们需要的是更多的"空白"或是看似无用的东西，人们会想要一个整洁的房子，希望在房子里一切都触手可及。因此，设计创意工作空间时要考虑"留白"，人们需要感受到之前的创作过程带来的精神和成果。

场所：寻找灵感的起点

创意空间不只是为创意人士打造的。创造力到底是什么？哪些地方需要你的创意？厨房、木工坊、运动场、公交车站、缝纫间，还是游戏室？总之，创意空间对每个人来说都非常重要。如果我们可以身处能激发灵感的场所，而不是被缺乏想象力的空间包围，那将多么美好！或许"场所概念"是我们找寻灵感的起点。

本书收录了诸多创意空间项目，这些精心设计的空间是创造的成果。无论这些项目的解决方案看起来多么简单，

都是一个创造的过程，而这个过程也决定了项目的最终品质。设计过程往往是一条崎岖不平的道路，人们可以在这条道路上找到方向，调转方向，然后再次前行，最终获得意想不到的视角。

共同打造创意空间

创意空间的设计需要从这个问题入手：我现在所在的空间还可以是什么？在 Open Kaart 事务所，我们经常会问客户这个问题。他们的答案通常会帮助我们更加深刻地理解空间的使用体验，如果只是直接询问业主他们的使用体验，则不会获得这些有用的见解。空间中看似固定的东西可能是不固定的，日常生活中的琐碎小事也可能变得非常重要。正如艺术能让你以不同的视角看待世界，设计则能让你以不同的视角看待你所处的日常环境。

令人感到意外的是，对我们这些专业的创意人士来说，常常是我们的客户所处的日常环境（有时甚至是枯燥的环境）激发了我们源源不断的创意。例如，我们花了一天的时间坐在客户家厨房的桌子旁，在孩子们爬到桌子底下，他们的父母走向花园后方的洗衣机时，我们想出了一个彻底改变住宅与花园关系的主意。还有，通过保留旧建筑中的临时办公室，我们一次性解决了几个改造上的问题，而一些残破的家具还使客户产生了改造会客

区的想法。作为建筑师的我们常常会在平凡的事物中发现各种可能性，与客户共同打造的艺术空间能让客户有意识或无意识地滋养这些创意，并把它们变成现实。空间不仅存在于物质层面，而且存在于精神层面。

对于艺术家和设计师来说，打造充满创意的空间是一项重要的任务。制作空间模型和规划布局有助于空间设计，可以先画出你脑海中空间的轮廓，然后想象自己从中走过，或者在下午与你的朋友或同事预演一下在空间中走过的场景。这会为你带来很多乐趣和新的创意。

受到启发

《理想工作室：艺术家和设计师的创意空间》传达给我们的是，实际的空间及其与周围场所的联系都可以给我们带来灵感。正如爱因斯坦所说："逻辑会把你从 A 点带到 B 点，想象力则能带你去任何地方。"本书收录的设计师和艺术家们的工作室案例会激发我们的灵感，让我们以不同的视角看待我们的日常环境。

THE HOME STUDIO

家庭工作室

面积：
875 平方米

完成时间：
2017 年

设计：
Piotr Brzoza 建筑公司

摄影：
雅库布·切托维奇（Jakub Certowicz）

波兰，克拉科夫市

克拉科夫市艺术家住宅和工作室

这两栋建筑位于克拉科夫市城郊的住宅区内，一栋为住宅，另一栋为工作室，由一对艺术家夫妻及他们的孩子们居住使用。其中一栋建筑是对未完工楼的改造，另一栋则是新建造的。场地后方有丘陵和田野。

独立但有联系

这两栋建筑是独立的。二者位于安静的街道尽头的小广场，形成了空间组合体。

如画的景色

周围的美景是场地的主要优势，建筑立面和内部设计都尽可能地利用了这一优势。主要的房间位于上层，宽敞的平台为房间增色不少。空间内的每扇窗户的位置都是精心设计的，与外面的景色构成了一幅幅木框风景画。

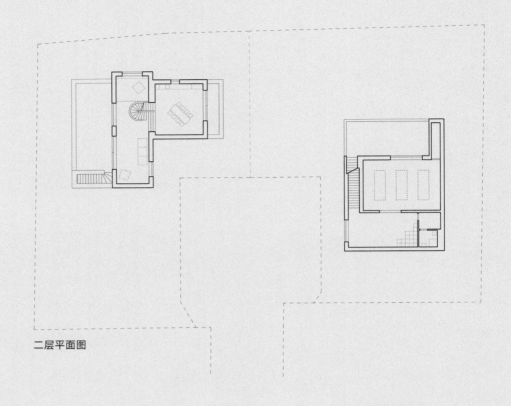

二层平面图

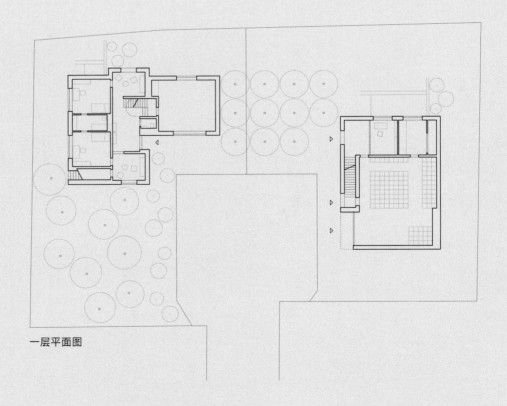

一层平面图

光线和空间

工作室建筑上层有一个绘画工作室，在其中央工作区上方有宽敞的天窗，可以获得最好的视野和充足的采光。助理办公室和储藏室位于一层，使用率最高。带有半下沉庭院的地下室为电影工作室提供了空间，其后方是一个小型放映间。

面积：
130 平方米
完成时间：
2015 年
设计：
Franz&Sue 事务所
摄影：
安德烈亚斯·布赫伯格
(Andreas Buchberger)，
韦罗妮卡·霍芬格
(Veronika Hofinger)

奥地利，艾希格拉本市

被施了魔法的 小屋

该项目是由废旧仓库改造而成的，作为业主（一名作家）的工作室、客房和孩子的小天地。与此同时，设计师对附近的房子也进行了翻新——打开空间，引入阳光。

一次彻底的、充满敬意的改造

村镇工匠打算拆掉 1934 年建成的黑色仓库。据他们所说，这里不仅漏风，而且饱受风吹日晒和虫蚀。但是设计师喜欢这个位于维也纳森林里有着孟莎式屋顶的黑色仓库，他们以一种彻底的、充满敬意的方式对其进行了改造。建筑的历史赋予这栋建筑特别的魅力：20 世纪

30 年代，很少有人可以买得起地下室，更不用说车库了。因此当时的人们建造了仓库，用来存放木头、饲养兔子或烫洗衣物。

一个充满魔力的度假之所

在过去的数十年里，仓库的结构丧失了原有的功能，也有很多仓库已经变得支离破碎。但当它转变成了狭小却舒适的寓所后，就成了充满魔力的度假之所，业主可以与家人和朋友一起到这里静居休养。

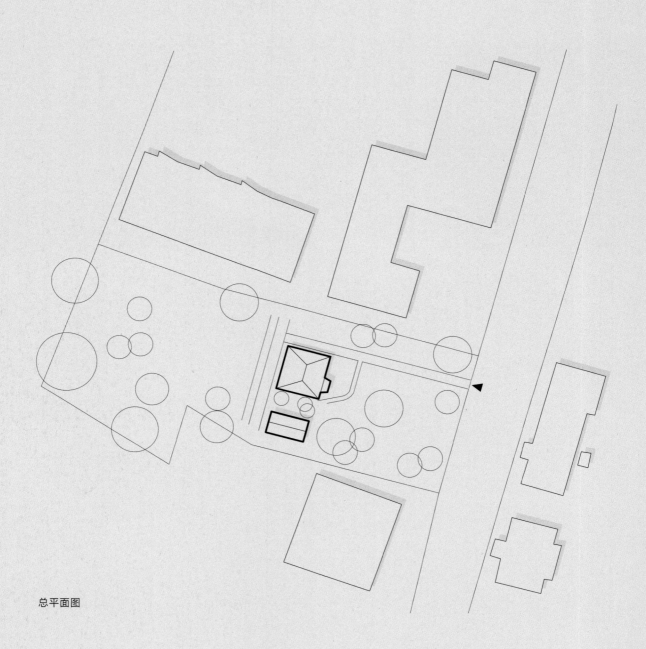

总平面图

设计师在阁楼的一面墙上加入了大面积的玻璃窗，并对桁架进行了小心的密封处理。墙面铺有灰色的冷杉木板，后面高出来的部分则装上了软垫，这样一来，阁楼便可当作一间特别的客房来使用。

观察松鼠的活动
设计师为这个充满魔力的小屋安装了一扇雅致的黄铜门，从这里，人们可以看到在树上玩耍的松鼠。一楼仍然用来存放园艺工具和果筐。楼上温暖舒适，聚光灯在夜间照亮了黄铜，即便在寒冷的冬日，人们也会感到温暖。

阁楼通过原有的窗户和沿侧面安装的小排风口实现通风。设计师并没有对长满苔藓的屋顶进行处理，因为业主喜欢这样。

家庭空间

厨房位于房子后部的 L 形空间内，用于食物的准备及烹饪。通高的玻璃和包角窗户为空间引入了充足的光线。

用可再生松木半手工制作而成的橱柜门与厨房和客厅使用的可再生地板十分相配。通高的嵌装门把储藏室隐藏了起来。

地下室被划分成多个私人空间。盖尔的"条纹"写作工作室和尼克的"蓝色"音乐工作室位于楼梯的底部。后面绿色的家庭娱乐室兼作客房，可以由此直接进入后院。

面积:
130 平方米

完成时间:
2018 年

设计:
Graux & Baeyens 建筑事务所

摄影:
杰伦·费艾特 (Jeroen Verrecht)

比利时，德尼兹市

SDS 工作室

该项目是比利时艺术家施蒂夫·德斯梅特 (Stief Desmet) 的绘画及雕刻工作室。在街道一侧，人们可以看到一栋住宅，其左侧是狭窄的砖砌车库，右侧有一间低矮的工作室。SDS 工作室未改造前已无法满足艺术家创作大型雕塑的需求，新工作室的主体为两层高的砖砌体块，部分体块被低矮的次级建筑包围。

宁静

工作室的主体体块采用对称式平面布局，力求创造一种宁静之感。内部使用了朴素而粗犷的材料。立式门的宽度各不相同，便于大型雕塑进出。位于一角的及其附近的空间形成了工作室宽敞空间内的一处休憩角落。书房位于工作室后方，视野非常开阔。

联系

工作室主体部分与其他辅助部分形成完整的一层空间，工作室整体统一，并强化各个部分之间的联系，所用材料在不与周边建筑雷同的情况下，寻求与住宅主体、邻近马厩和河流的联系。倾斜的场地可以在不封闭后面花园的情况下形成一个内部庭院。

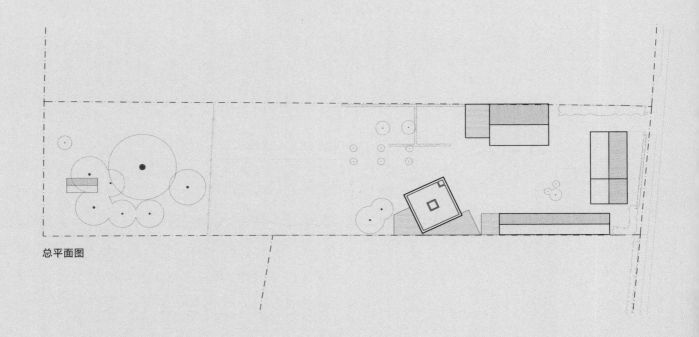

总平面图

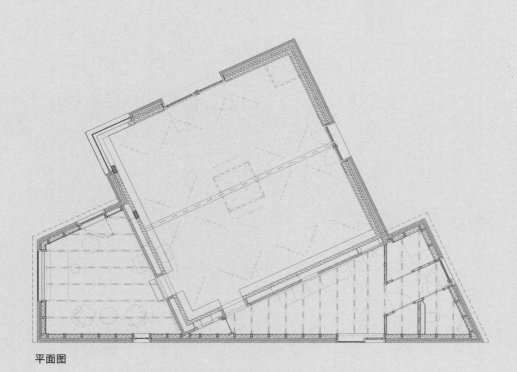

平面图

AT ONE WITH NATURE: GARDEN AND LANDSCAPE SETTINGS
与自然融为一体：花园与景观营造

面积：
195 平方米
完成时间：
2015 年
设计：
Wiedemann 建筑事务所
摄影：
安妮斯·霍兰德（Anice Hoachlander）

美国，弗林瓦特斯市

鹰巢

该项目对于业主——一位从巴黎来的雕塑家而言，既是家，又是工作室。项目场地原是西弗吉尼亚州弗林瓦特斯市一个废弃的石灰石采石场。房子坐落在 27 米高的近乎垂直的悬崖边上，从悬崖上可以俯瞰波托马克河的景象。

室内与室外

设计团队的目标是创造一种简单的形式，与自然保持既分离又交织的状态。两个简单的混凝土体块矗立在采石场内，构成了一幅河流景观"画作"，并为上面的钢和玻璃结构提供支撑。钢柱的网格调节了空间，创造了不断变化的景观，并模糊了室内与室外的界限。自然风化的重蚁木，与钢结构形成一种材料上的对比，并被用在防雨墙、扩展室内空间的阳台和保持场地不受影响的桥上。该项目的设计旨在增强自然体验，并为客户在创作上带来灵感。这个项目是一个工作室，但同时也提供了一个可以更好地欣赏自然美景的空间。

保留

不平坦的场地表面散落着很多采石场作业时遗留的巨石，这为设计团队带来了极大的挑战。在当地地质学家的帮助下，基础设计与地下洞穴、泉水和"裂缝"相适应，尽可能地减少对场地的干扰。混凝土体块位于基岩上的地桩之间。散落在场地周围的巨石被保留下来，原生植被得以生长，周围的景观保留了自然的模样。

总平面图

面积：
36 平方米

完成时间：
2015 年

设计：
Mustard 建筑事务所

摄影：
蒂姆·克罗克（Tim Crocker）

英国，伦敦市

白桦树之家

该项目位于郊区一个曾经杂草丛生并被忽视的花园角落里，这里生长着一棵显眼的白桦树。随着家庭规模的不断扩大，业主想要在他们的花园内打造一个功能性画室作为他们的工作室，同时让这个工作室融入并进一步强化现有景观。

围绕白桦树的建筑

白桦树是花园的焦点，工作室的设计在围绕它展开的同时允许光线进入工作室。为确保这棵树在建造过程中能被保留下来并成长至完全成熟，设计团队将工作室建在了木桩上，以避免建筑体块压伤树木的根部。这棵树除了是花园的焦点外，在夏天时还可以为工作室遮挡强烈的阳光——通过两侧的主窗，在空间内投下斑驳光影。工作室是用未经处理的西红杉打造的，因此，木材覆层会随着时间的推移老化和风化，使工作室与植被融为一体。

阳光与景色

窗户将工作室拆分成内外两部分，居住者可以看到花园或房子后面的景色。夏日夕阳的余晖可以透过后方玻璃门射入工作室。项目的重点在于打造能够经受住时间的考验并可以与植被融为一体的全新艺术工作室，重要的是使白桦树保留下来。项目完成后，业主对工作室的设计非常满意，他们经常使用这个工作室，而这个工作室的存在也增加了他们对花园的使用频率。

总平面图

与自然融为一体：花园与景观营造

公共聚集区面向内部花园，花园内有一面显眼的混凝土墙。设计师遵循了住宅的建筑语言，创造了一个更为私密的空间，而不是另一个面向峡谷的空间。工作室仿佛是一个"混凝土盒子"，完全面向峡谷，净高为4.8米，以夹层作为分隔，营造了两种不同的环境。

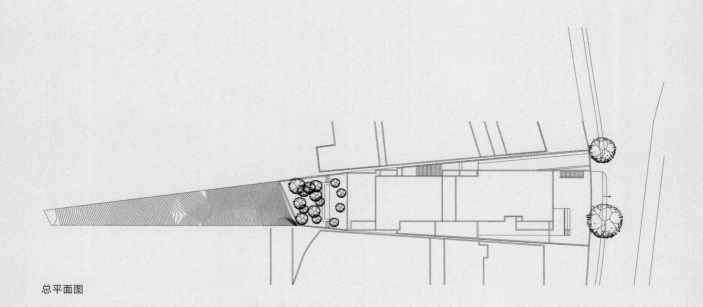

总平面图

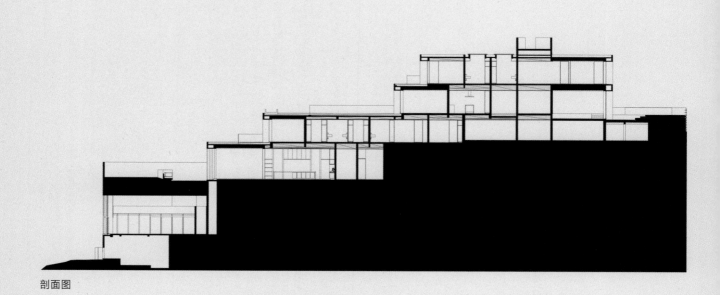

剖面图

与自然融为一体：花园与景观营造

面积:
465 平方米

完成时间:
2017 年

设计:
MU 建筑事务所

摄影:
尤利西斯·勒梅里斯·布查德
(Ulysse Lemerise Bouchard)

加拿大,圣·阿黛尔市

悬崖上的工作室

该项目位于加拿大魁北克省洛朗山区,简约的木制体块从周围绿色的山景中脱颖而出。建筑的外观使人联想到传统的谷仓,从悬崖边伸出的体块位于湖面之上。这栋建筑包含一个车库、一间工作室、一间宽敞的创作室及一个夹层。

一组倾斜的柱子

工作室通过悬臂式桥梁结构与主要的居住空间形成连接,被设计为一个能够充分激发思考和创意的强大空间——由一组倾斜的柱子实现支撑,是一处完全独立的存在。

北向采光和令人眩晕的高度

工作室的窗户朝向北方,人们可以欣赏到湖泊的美景。室内空间宽敞而不失温馨感,同时提供了可以容纳大尺寸画作的空间。极简主义风格的室内立面和方正的布局为艺术家的作品提供了背景,并且有助于注意力的集中。

宽阔天花板下方的夹层空间内设有休闲区和游戏区,另一个稍小的空间设在更高处,是孩子们理想的藏身之所。

与自然融为一体：花园与景观营造

在这个空中平台上，抛光的混凝土地面反射出周围的场景，带给人一种眩晕的感觉。这片区域可以通过介于桥梁和夹层之间的开放式楼梯进入。由大型冷轧钢板构成的楼梯侧面展示了艺术家在画布上挥洒画笔的姿态。

精致的简约

建筑整体呈现为一个被灰色做旧木材包覆的简单体块，厚实的外墙达到了被动式节能屋的建筑标准。从另一个角度来看，复杂的细部结构在墙壁和屋顶之间实现了通风，并将车库大门完全隐藏起来，墙内的保温层则能够应对魁北克省冬季的极端天气。

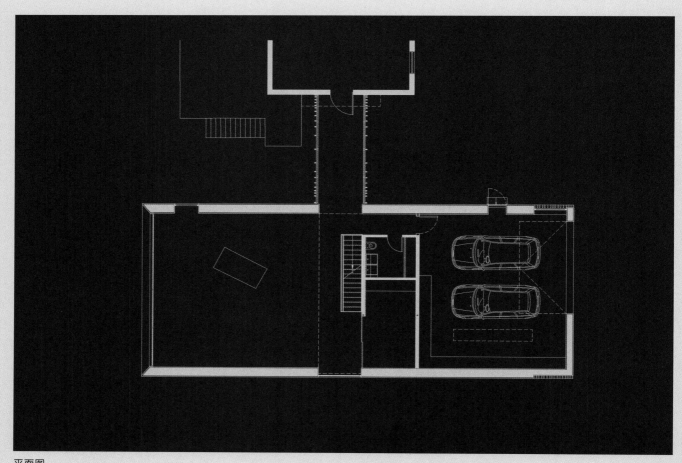

平面图

集生活、工作和展示于一体

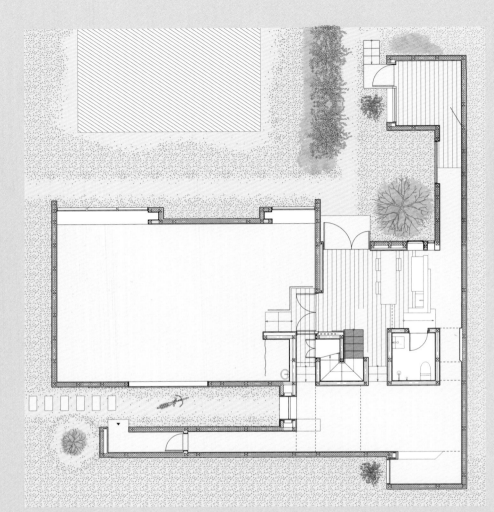

一层平面图

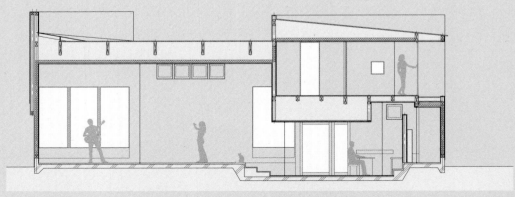

剖面图

集生活、工作和展示于一体

并与庭院的入口相连，这样不仅满足了业主对功能和舒适性的要求，还展现了怡人的风景。

该建筑作为生活空间的同时还提供了一个摄影空间，其规模适合被用作摄影工作室，摄影师可以直接借助自然光线拍摄照片。

拍摄设备、老式家具、乐器、艺术品随处摆放，与空间融为一体，反映着摄影师的审美，也是新创意诞生的基础。

集生活、工作和展示于一体

面积:
70 平方米

完成时间:
2016 年

设计:
WY-TO 建筑事务所

摄影:
斯旺·安德森 (Svend Andersen)

法国，巴黎市

光影工作室

该工作室位于巴黎第十区的一个庭院内，其顶棚是用 1900 块玻璃打造的。这里曾是一个工业区，举办过多种艺术和工艺活动。当业主打算从郊区的房子里搬到法国首都的中心时，这栋建筑为她的专业实践提供了完美的场所。

业主的工作致力于将再生纸转化为令人印象深刻的绘画和雕塑作品。一览无余的开放空间、灵活性和自然光线是业主享受舒适环境以及在艺术实践中成长的必要条件。远离巴黎的喧嚣，这里变成了一个安静、实用的空间。

"工作间中的工作间"

为了支持可持续的生活方式，该项目通过提供适应季节需要的灵活解决方案，提高了空间和能源的利用效率。工作室非常宽敞，因此在冬季可以通过细分空间来优化供暖系统。设计师采用了"工作间中的工作间"这一理念：冬季，小体量的工作间可以减少供暖系统的负荷；而在温暖的季节里，可以通过打开折叠的聚碳酸酯玻璃板系统建立工作间和主体空间的联系。

设计主要是为了满足业主职业的需要，新建筑的扇形几何结构可以将自然光线引入所有新建的空间，为业主提供最佳的视觉环境。

集生活、工作和展示于一体

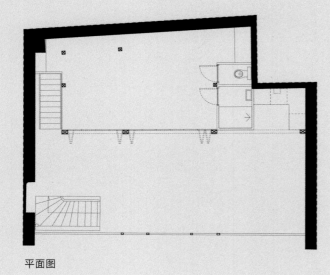

平面图

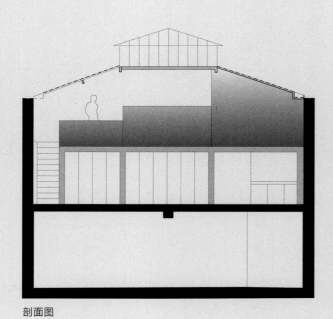

剖面图

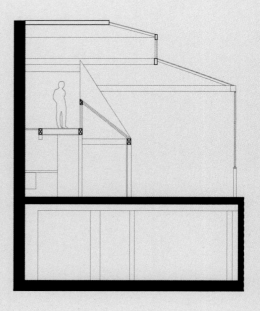

100

多功能空间

建筑顶部的夹层空间可以供业主在此放松，在激发创作灵感的过程中发挥着重要的作用。业主可以从上面俯瞰摆满了作品的工作室；空间功能齐全，不仅可以满足业主的生活需求，还可以面向公众开放或是用来举办展览。厨房不仅可以在日常生活中使用，还可以满足业主聚会的需要。此外，业主也可以将夹层空间变成临时的客房，这里配有包括浴室在内的所有必要的生活设施。

集生活、工作和展示于一体

面积:
130 平方米

完成时间:
2017 年

设计:
Chen + Suchart 设计工作室

摄影:
马特·温奎斯特 (Matt Winquist)

美国，天堂谷镇

The Little Art
工作室

该工作室占地 130 平方米，是用灰泥和玻璃打造的，属于一栋住宅的扩建部分。该项目为原有的沙漠庭院提供了一个背景和围挡，同时也提供了一个聚集区。

一个"飘浮"的工作室

为了将工作室和原有住宅区分开来，设计师希望能表达出工作室自身的特性，为了减少对沙漠地貌的干扰，工作室与地面尽可能少的接触。钢梁楼板结构和复合混凝土板用 6 个混凝土箱进行支撑，使工作室可以"浮"在现有的干河床之上，仅通过这 6 个点与地面接触。

沙漠气候下的建筑

工作室的覆盖层主要由标准的耐候性钢板组成，使用标准模块钢板减少了大量的准备和制造时间。项目所用的玻璃都是高热性能的反射隔热玻璃，可以最大限度地散热。这两种材料的结合是为了反映和补充原有住宅的景观。

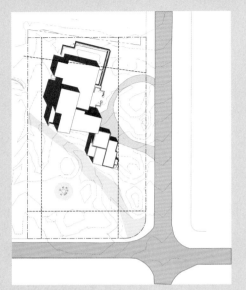

原总平面图

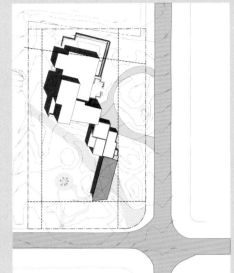

现总平面图

立面图

集生活、工作和展示于一体

面积：
465 平方米
完成时间：
2015 年
设计：
Desai Chia 建筑事务所
摄影：
保罗·沃霍尔（Paul Warchol）

美国，纽约市

摄影师公寓

这个公寓是 Desai Chia 建筑事务所为一个寻求安静生活和工作场所的摄影师设计的。空间经过全面装修，包括图书室（接待区）、客厅、餐厅、厨房、摄影工作室、两间卧室、两间浴室、化妆室和充足的存储空间。

开敞的流动空间

现有的工业建筑为铸铁立柱结构。Desai Chia 建筑事务所利用空间中长轴向的视野景观并引入阳光，创造了一个开敞的流动空间。当有保护私密的需求时，隐藏式的门可被拉开。

家、工作空间和画廊

业主要求 Desai Chia 建筑事务所设计的家不仅要有摄影和展示摄影作品的空间，还要有与朋友娱乐休闲的空间。入口门厅后是图书室（接待区），可供业主会见各画廊老板，展示她的作品以及她收集的研究材料。该区域还充当了公寓里两个不同区域的衔接空间：东面的区域直通业主较为私密的工作室及卧室，而南面的区域则与厨房、餐厅和客厅等区域相连。新的橡木地面将这些区域连接起来。同时，橡木板做的墙面及细木家具将所有房间串联起来，营造了一种温馨的氛围。

集生活、工作和展示于一体

集生活、工作和展示于一体

OLD RESIDENCES, NEW STUDIOS

昔日老房换新颜

面积:
208 平方米
完成时间:
2017 年
设计:
图灵空间设计
摄影:
朱晓莲，李敢

中国，南京市

宅匠工作室

该项目是一个自带内院的方正的老式民居，坐落于南京老门东景区内。工匠们在工作室工作，工作室主营实木地板、实木整板桌面，以及木质小家具。

旧与新

设计师将原老式民居所特有的梁柱结构保留，修整原有庭院的地面，设置硬地及沙石，保留老民居的建筑结构特色，同时给空间注入新的活力和可能：将原有相对狭小、繁复的门窗改为大型玻璃窗及可全敞开的折叠门，有效地改善了原本相对较差的室内自然采光。

设计师在正对院子的内墙处设置了一个"悬浮"的透明玻璃盒子，并伸入庭院，使空间结构更加丰富，也增加了一处采光最好的休息区。同时，设计师在原建筑内搭建了一个白色内建筑，营造"屋中屋"的概念，这也是整个空间的中心位置，作为水吧和收银区，上部的夹层为贵宾区。

蓝色是工作室的主色调。设计师在入口及水吧墙面使用了蓝色，给整个空间注入新的色彩和活力；同时采用白色水磨石打造墙面及地面，并用白色铁板及白色肌理漆来营造一个纯粹干净的空间，和原有的木质梁柱及门窗形成强烈反差，使空间内材质及色彩对比显著，视觉效果更添层次感。

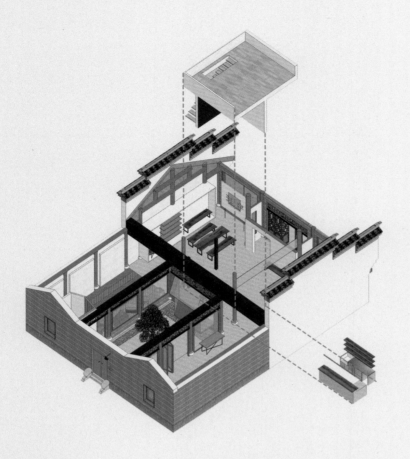

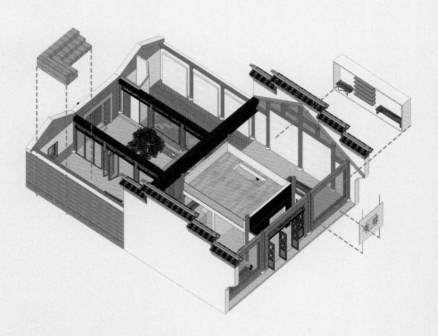

轴测图

面积：
119 平方米
完成时间：
2017 年
设计：
Estudio Atemporal 建筑工作室
摄影：
Luis Gallardo LGM 工作室

墨西哥，墨西哥城

Grupo Sicario
总部办公空间

该项目旨在增加 Grupo Sicario 总部办公空间的使用面积。Grupo Sicario 总部位于墨西哥城独特的中世纪街区 Colonia Roma 的老建筑内。这里最初是年轻创意人士的聚集地，他们致力于满足千禧一代的产品和活动需求：社交网络、现场演出和创业活动。

旧与新

为了处理这一具有重要历史价值的建筑，设计团队决定保留建筑周围原有的结构，创造一个不影响现有房子却可以将历史痕迹与全新体验整合起来的独立空间。为了达到功能上的适应性，设计团队让层高保持一致，这样新的结构会变成现有住宅空间的延伸。住宅的庭院用来容纳新的建筑，它由一个四层的钢结构组成，建筑一层为公共空间，其余部分为办公空间。

对比

新结构与旧建筑形成了鲜明的对比，设计团队运用现代建筑风格而不是使用灰色砌块、木质地板和天花板、钢窗框以及未加工的木质家具等，形成了自己的特点。设计团队使用不同元素将被各种条件制约的区域转换成了宽敞、舒适的空间。

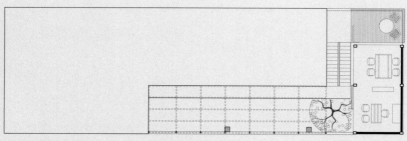

三层平面图

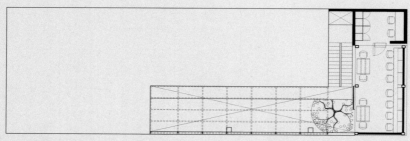

二层平面图

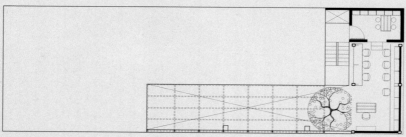

一层平面图

剖面图

面积:
500 平方米
完成时间:
2019 年
设计:
立木工作室
摄影:
胡义杰

中国，上海市

立木工作室改造项目

挑战

工作室位于一幢办公楼顶层，毗邻愚园路历史街区与新华路历史街区，露台视野开阔，举目望去，绿树红瓦，满目生机。所在建筑的顶层平面相对于中间层平面整体旋转了 45 度，切出了四边露台，伴随而来的是室内多三角结构、多管井、多斜梁。但设计师依然决定为初见露台的心动买单，迎接这样一个"处处三角结构"的挑战。

顶层平面旋转所带来的"三角结构"问题，还得靠旋转来解决。设计师将使用频率最高的打印区、水吧、资料库环绕设置在平面的中心，通过二次旋转使办公空间变为方形：每片办公区域以外是露台，以内是服务空间。

原本看似冗长的流线因为多次曲折的转向和窗外景色的流转，竟有几分园林的意境。

改造

设计师以打理一处园子的心态，顺着现有的格局修修补补。入口处原先一直显得多余的大梁反倒成了空间线索，设计师顺势以梁为界，只取一半门厅作为内部空间，剩余的半片连着露台。

园林的精妙在于空间的灵动，设计师将半门厅的吊顶改为镜面不锈钢，使其变得光亮。"中庭"之下的门洞，是办公区和入口区的分界，也是路径转折中变换的框景，第二个露台将远处的上海市中心也融入背景中。

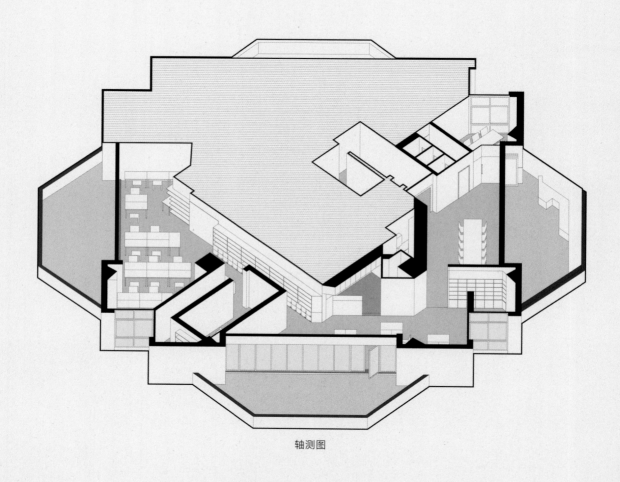

轴测图

152

面积：
90 平方米
完成时间：
2017 年
设计：
mode:lina 工作室
摄影：
帕特里克·莱温斯基（Patryk Lewiński）

波兰，波茨南市

mode:lina 新办公室

尽管 mode:lina 工作室原来的带阁楼的迷你办公室非常受欢迎，但随着工作室的成长和新成员的加入，办公室的空间需要扩大。mode:lina 工作室决定将新办公室安置在一栋翻新过的联排住宅中，这栋住宅位于一个发展迅速的新兴社区内。

极简主义与动态线条

新的工作室遵循极简风格，延续了 mode:lina 工作室一贯的视觉特点。工作空间的设计以对比鲜明的黑白两部分为基础。

明亮的空间用来开展创作性的工作，其中包含为设计师们准备的大桌子和工作台。定制的共享桌面便于从单人工作转向团队合作。各种电源接线则被隐藏在桌子的内部。

具有动感的线条将黑色和白色空间分隔开来，这里也是厨房和宽敞的储物柜所在的区域。这些储存柜沿着办公室的侧墙分布，足以容纳所有人的物品。其中有一道门的背后隐藏着可冲凉的浴室，乍看之下难以发现。

视觉标识

为了使新办公室的室内设计和公司的视觉标识系统保持连贯，设计师引入了用隔音气垫制作的巨型 logo（标志）。

156

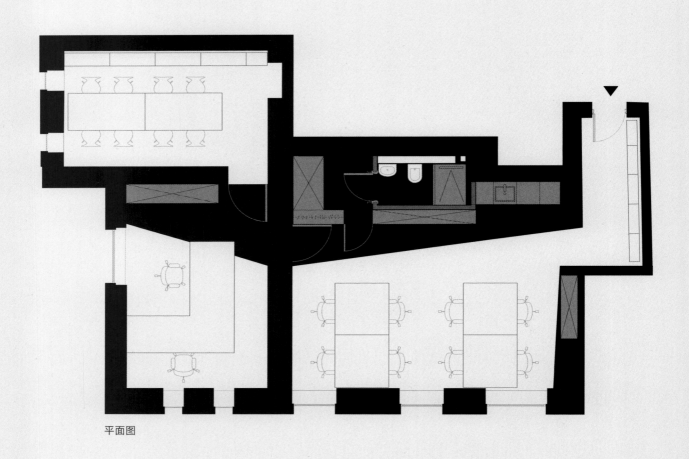

平面图

公司创始人的办公室以及旁边的会议室的增加使工作室
的功能更加完善，会议室里展示了公司获得的众多奖项
及刊载过公司作品的出版物。其他作品则位于入口大厅。

公司改造后的办公室面积增加了两倍，并收到了自己五
岁的生日礼物——一辆滑板车！

面积：
89 平方米
完成时间：
2017 年
设计：
In2 工作室
摄影：
刘士诚

中国，台北市

In2 工作室

该项目的设计目标是打造一个适合创意工作的空间。经过分析，设计团队发现业主三分之二的时间都花在了工作上，剩下三分之一的时间用来休息，为下一步的工作提供灵感和创造力。因此，设计团队将这个时间上的比率转移到空间中，将三分之二的空间规划为工作区域，将剩下的三分之一空间规划为获得灵感的区域。

一张空白的画布

创意空间犹如一张空白的画布，可以用任何色彩进行填充，其简单的白色元素为空间带来灵活性。另外，设计团队还利用场地本身的条件，强化室内空间与户外风景和阳光的联系。

关于过去的线索

为了展现有着 40 年历史的传统木窗的原始外观，设计团队溶掉了木窗的油漆，磨光了木窗的表面，增加了有着独特风格的元素，并保留了建筑的传统。在改变空间布局时，设计团队特意保留了原有墙壁的一部分，以免浪费建筑材料。他们粉刷了旧墙面，使斑驳的瓷砖和红砖墙焕然一新，人们也能由此想起工作室与老建筑之间的关系。

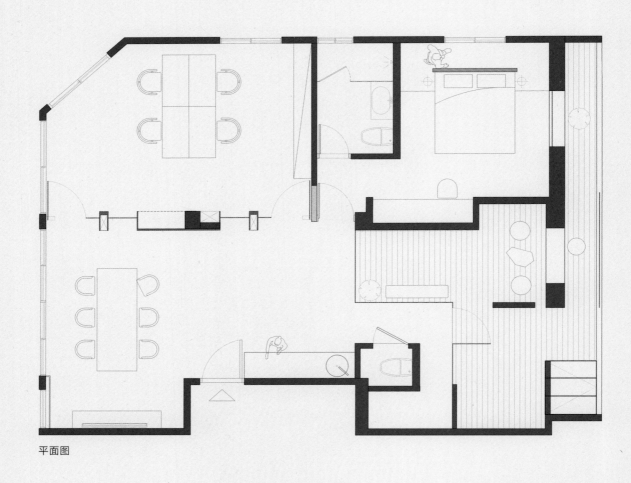

平面图

面积:
250 平方米
完成时间:
2016 年
设计:
Yerce 建筑事务所, ZAAS 建筑事务所
摄影:
埃明·埃姆拉·耶斯 (Emin Emrah Yerce)

土耳其, 伊兹密尔市

Studio Loft
摄影工作室

这是一个将普通的公寓改造成摄影工作室、私人住宅和艺术画廊的故事。公寓坐落在一条安静的街道上,与一条繁华的林荫大道平行,这里是伊兹密尔市人口最密集的街区之一。

生活、工作以及展示

设计的目的是将公寓的一楼和二楼设计成一个摄影工作室,它们是这条安静的街道上一栋五层住宅的一部分。在设计过程中,设计团队与业主对这个空间进行了重新构思,并一致认为这里不仅仅是一个摄影工作室。业主是一位著名的摄影师,他想要一个可以生活和工作的场所。除了满足他的要求之外,设计团队还将展览空间融入了这个空间。在展示和分享业主的摄影作品的同时,这个空间还可以用来举办其他的摄影展览,成为城市中一个另类的艺术展览场所。

一楼的设计满足了摄影工作室和展览空间的需求,二楼则设有办公空间、厨房和私人休息区。该项目设计的重要目标之一是"充分利用摄影工作室的创意空间",因此在设计过程中,一楼和夹层被规划为摄影空间。通过这种方式,原本的公寓一楼和二楼变成了一个带有"阁楼"的空间,工作、生活和展示功能相互交织在一起。

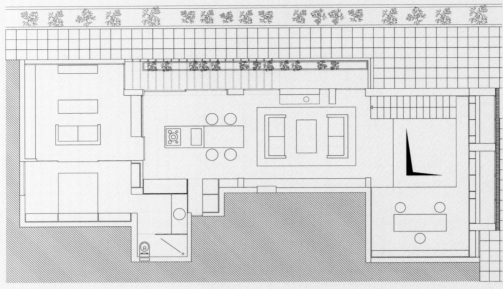

二层平面图

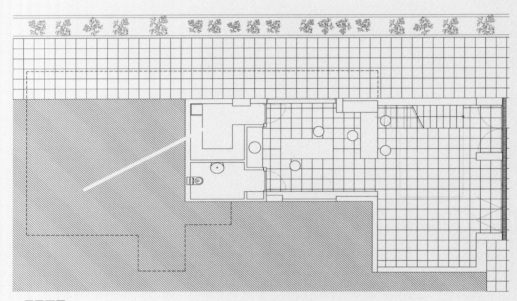

一层平面图

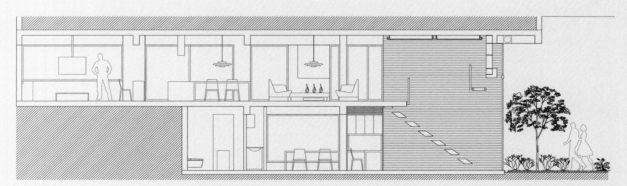

剖面图

设计的关键问题是，如何将一个典型公寓改造成一个多功能区域，且保证在这里不同的功能和生活形式可以同时展开。展览空间使项目获得了面向公众的机会，让这个空间与公寓前面宽阔的人行道融为一体是非常必要的。公寓周围的空间直到街道也包含在设计中，要考虑人行道的高度，并且其使用的材料也沿用到了内部空间。

建筑立面上的滑动折叠玻璃门，可以通过侧面收拢而完全打开，这有助于在举办展览活动时将内部空间与外部空间融合在一起，保证从街道过渡到内部空间或是从内部空间过渡到街道毫无障碍，潜在的展览参观者路过这里时，可以看到展览。这条宽阔的人行道属于这座城市，公寓作为举办展览的社交场地和平台，可以让人们在街上而不是在封闭的画廊空间内畅快地交流。因此，舒适、有趣、巧妙的布局和改造的目的是平衡上述的功能，面向公众开放并保持必要的私密性，同时为周围的环境建设做出贡献。

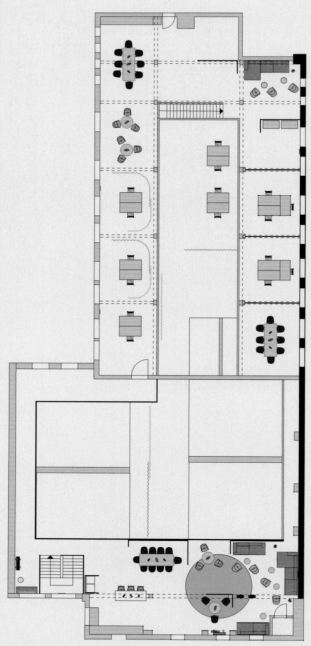

平面图

为了改变工业建筑的特征，设计团队使用了三种与老工厂周围环境、建筑本身及外观有关联的鲜艳色彩。设计团队用配以大胆的黑色金属框架的大片结构玻璃板来分隔房间，将部分区域分成多个半私密空间。玻璃板的外部观感使其可以融入周围环境。除了玻璃板外，设计团队还用高档的装饰织物制作了厚重的窗帘，

并借助它们来达到分隔房间的目的，为繁忙的摄影工作室带来良好的隔音效果。大片的织物和 ABOUT YOU 的时尚印花布吸引了人们的视线，它们被随意挂在墙上，像是被人们随手一放。

ABOUT SHOTS°

Office
Meeting Room
Postproduction
Daylight Studio

Sample Room
Logistics

Still Life Shooting
Model Shooting
Lounge

面积:
140 平方米
完成时间:
2015 年
设计:
Miriam Barrio 室内设计工作室
摄影:
玛丽亚 · 普约尔 (María Pujol)

西班牙，巴塞罗那市

创作工作室

设计师面临的挑战是将一个小型足球场改造成一个工作室，使其成为一个释放想象力、创造艺术的场所，一个用来创作的场所。

光线

设计方案的重点是创造一个能够启发灵感的空间，在这里，光线通过由超轻的黑钢支撑的全玻璃结构进入工作室，而天花板和墙壁也允许光线进入，并可以通过自动卷帘来调节亮度。

这间工作室很像一个浅色的盒子，地面和墙壁均为水泥材质，这让设计团队可以在不影响整体视觉的情况下引入彩色元素。水泥材质具有连续性，没有接缝，便于清洗，且水泥地面便于打扫，也更加耐磨。

满足艺术家的需要

工业风格的回收家具将木材和铁结合起来，同时，设计师打造了全定制家具和装饰品——带有储物空间的可移动的桌子、盒子、画笔和各种各样的小摆设，以满足艺术家的需要。

凉爽、舒适

这个项目所面临的巨大挑战是如何处理保温和内饰的问题。为了获得足够的舒适度，室内安装了超大尺寸的空调。因为作为一个暴露在阳光下的玻璃空间，烈日当头时，工作室的室内温度会变得非常高。通过连接传感器，保温装置和太阳能设施可以根据天气情况实现自主调节。此外，设计师还对工作室周围进行了遮挡，以减少建筑对热量的吸收，并保证了空间的私密性。

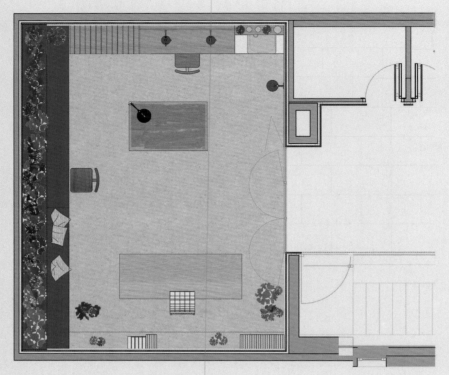

平面图

剖面图

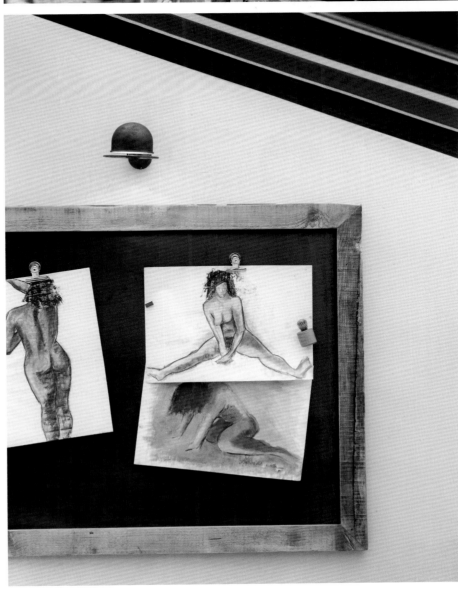

面积：
101 平方米

完成时间：
2018 年

设计：
Davidov 建筑事务所

摄影：
杰克·洛弗尔（Jack Lovel）

澳大利亚，墨尔本市

Davidov 建筑事务所工作室

这个新工作室是 Davidov 建筑事务所专门设计的一个工作空间，设计团队希望通过设计一系列空间传递他们的建筑设计手法和在工作中不断演化的空间策略。

室内分为两个核心空间和一个作为服务及后备用途的小空间。工作室在南北向延伸并充分利用自然光，南侧有大面积的窗户来提供观景的位置。这种布局方式形成了两个线性空间：会议室和工作区。

正式或临时会议

会议室内有大（可容纳 6~8 人）、中（可容纳 2~4 人）、小（可容纳 1~2 人）三张桌子。这三张桌子可以满足不同规模和目的的会议需要，这些会议可能是正式的或临时的，一切取决于讨论或工作内容的类型。

满足发展需求的空间

作为一个发展不是很快的年轻公司，事务所此次设计的重点是创造一个既能满足后续发展需求又能保持紧凑性

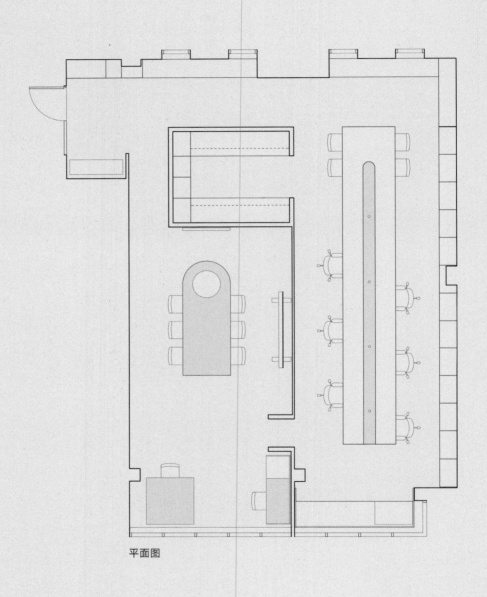

平面图

的工作室环境。因此，公共办公桌沿着中线布置，长长的桌面被划分成工作区和谈话区，供非正式性谈话或内部交流使用。室内空间是畅通的，两个主空间之间的流线为室内增添了趣味和层次。

这个小型工作室还提供适合团队或个人工作的多样设施，比如，有不同用途的公共办公桌、架高的吧台、供不同规模会议使用的大小不一的会议桌。会议可以是两个人在窗边进行，也可以是一群人围着一张大桌子进行，同样，工作也可以在不同的空间、环境和氛围中展开，这种工作方式是此类规模的工作室的重要特征。

设计规模

室内使用了细木工制品，辅以天然石材和室内阔叶植物。工作室内还使用了家具、艺术品、雕塑强化空间的布局和规模。

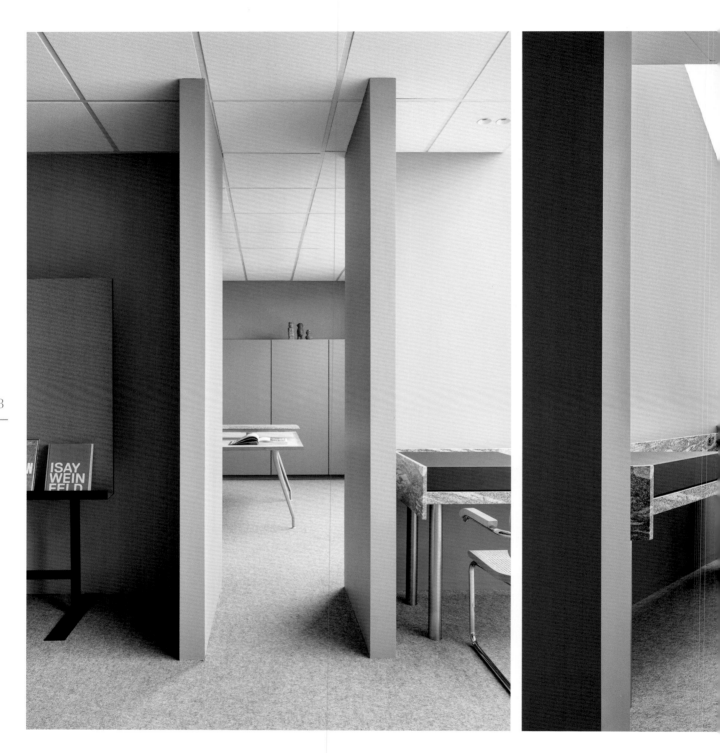

面积：
100 平方米
完成时间：
2015 年
设计：
kissmiklos 工作室
摄影：
巴林特·贾克萨（Balint Jaksa）

匈牙利，布达佩斯市

Dekoratio
品牌与设计工作室

kissmiklos 工作室想要与 Dekoratio 品牌与设计工作室共同创造一种体验，激励公司使用更好的设计，并展现设计如何给他们的事业带来巨大的、积极的影响，这是设计师设计这个空间的首要目标。这个空间可以提供创造性的体验，也可作为室内设计和装修的样板间。

白色办公室和工业空间
空间内部有一条呈 K 形的路，这条路从空间穿过，把空间划分成明亮的白色办公区和制作区。这种划分展

现了工作室的主要业务：品牌策略、设计产品标志与印刷。

走廊将接待室与工作室的其他区域联系起来，并为主要管理团队分隔出一个空间。接待处的特殊造型创造了一个吸引访客走进工作室的视觉形象。

工作室周围有几处反映了品牌和设计行业的细节：墙上的 Lorem Ipsum 标识和被设计成巨大调色板的圆形会议桌。

漫画和流行文化

作为流行文化在美国应用艺术及广告业演变中的代表，漫画贯穿了整个工作室的设计。每个房间内都有与房间功能有关的漫画。会议室内用来隐藏锅炉的橱柜上满是"BOOM（轰隆隆）"一词，孕育故事的办公区则满是"STORY（故事）"一词，放置免费赠送的巧克力的小桌子则满是"POWER（能量）"一词。

展现个性

在像图书馆一样的社交空间内，书架是参考"LEARN（学习）"这几个英文字母定制设计的。室内满是设计工作室的格言，这些格言是 Dekoratio 品牌的一部分，同时也向客户及其他访客展现工作室的个性和价值。

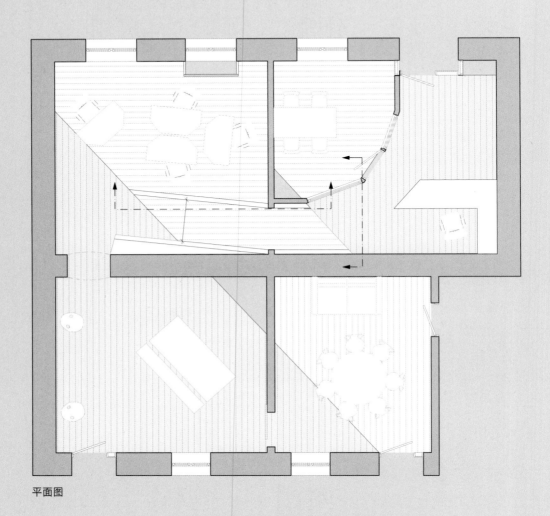

平面图

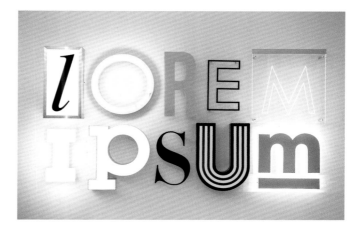

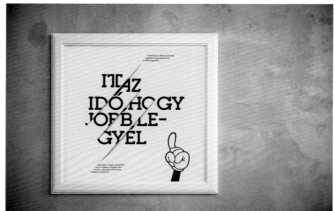

工业与办公空间——如今的创意场所

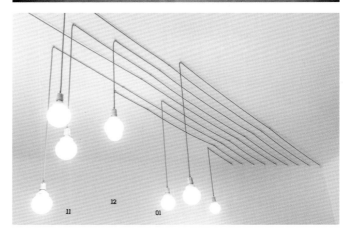

面积：
88 平方米
完成时间：
2015 年
设计：
la SHED 建筑事务所
摄影：
马克西姆·布鲁耶（Maxime Brouillet）

210

加拿大，蒙特利尔市

la SHED 建筑事务所办公室

项目所在的空间曾是一家普通商店，建筑师保留了这片区域的原始建筑，同时采用了反映公司形象的当代建筑风格。la SHED 建筑事务所主要承接商业项目，掌握各种类型和历史背景的建筑的翻新、改造和建设方面的专业知识。

开放的工作区域

工作室和相邻的会议空间是完全开放的，而玻璃立面的设计让路人得以看见建筑师工作的场景。办公室与精品店之间的夹层空间重新定义了传统建筑师的办公室。原建筑结构被保留下来，位于办公室的中央，并通过缤纷的色彩搭配加以强调。办公室一侧是一个大型的白色建筑体块，内设会议室、厨房和文具间。办公室另一侧则被划分成材料库，材料库内的摆设使人

联想到昔日商店的货架。货架后面的磨砂玻璃墙将室内空间一分为二，阳光透过玻璃照进工作室内部的会议室。木质的板材、造型简洁的办公桌、明媚的阳光和精心选择的装饰物，这一切使工作室变成了一个令人感到自在的工作空间。

创意空间

除了工作空间，其他区域也充满了创造力。浴室位于地下室，黑色钢楼梯的下方。滑动门一旦打开就会彻底隐藏起来，从而消除了空间内的界限感。浴室后方墙上的镜子传达出一种神秘的气息，而水池似乎飘浮在空间的中央。黑色的地面和天花板被毛石地基墙包围，与上面的白色工作室形成鲜明的对比，强调了浴室的封闭性和舒适的氛围。

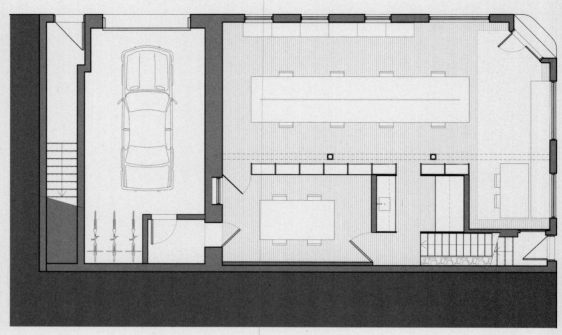

一层平面图

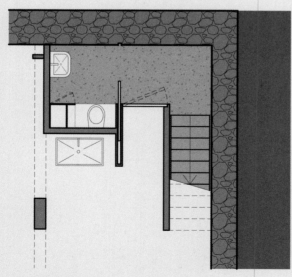

地下室平面图

面积：
250 平方米
完成时间：
2015 年
设计：
RIGI 睿集设计
摄影：
文仲锐

中国，上海市

RIGI 睿集设计
办公空间

该项目位于一个由服装厂改建的创意园区内，原空间是一个摄影棚，比较方正，是一个矩形的单面采光的普通空间，唯一的优势是层高比较高。设计师从功能需求上再三思考，最终确定空间需要包括开放办公区、独立办公区、产品实验室、会议室、材料室，还有一个小小的展厅。

不同的会议室

前厅的一侧是 RIGI 睿集设计的会议室。原始的空间有 4 米高，且比较狭长，并不是理想的会议空间，为了改变人们以往对会议室的固有印象，设计师将会议室顶部设计成三角形的坡屋顶。会议桌的侧边刻意没有用白色材料包住，而是呈现出打磨处理后材料的原样。

颜色与亲近感

工作室中大面积地使用了质地柔软的黑灰色毛毡，传达出亲近感，并与黑白色调的墙面形成丰富的肌理层次。同时，设计师将轻巧的书架作为隔断，适当地加入植物使办公环境更加轻松，提升空间的舒适感。比起 RIGI 办公室本身，设计师更关注员工们进入这个空间之后，在这里发生的故事、创造的设计、他们的体验以及主观感受所产生的思想碰撞。

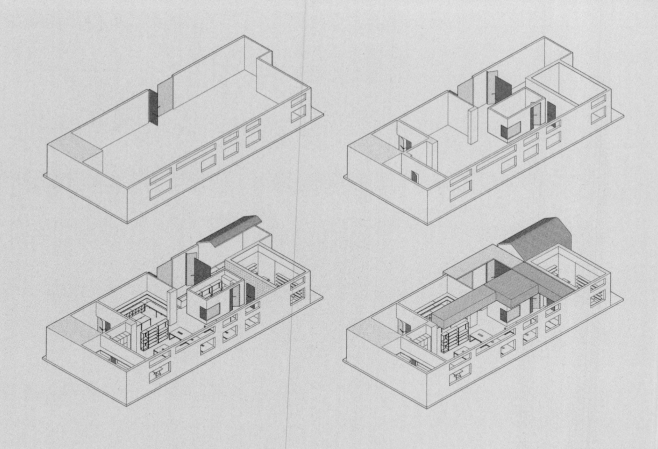

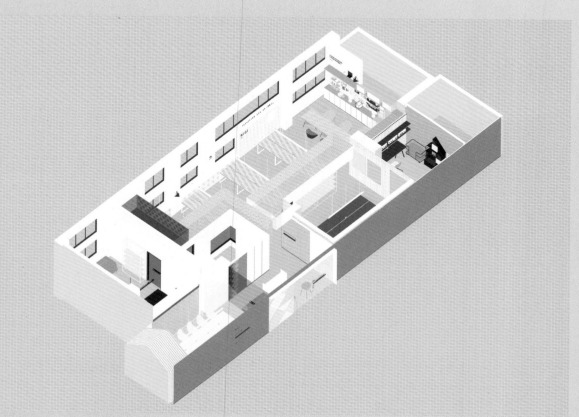

模型图

I have no words.
I must design.
—
STANDARD
WALL.

4030 × 370

Design
dept.
2

MATERIAL
ROOM.

DESIGN
DEPT.

2

PRINTING
ROOM.

02 03 04 05 06

04 05 06

1 2 3 6 4 5

5

4

2

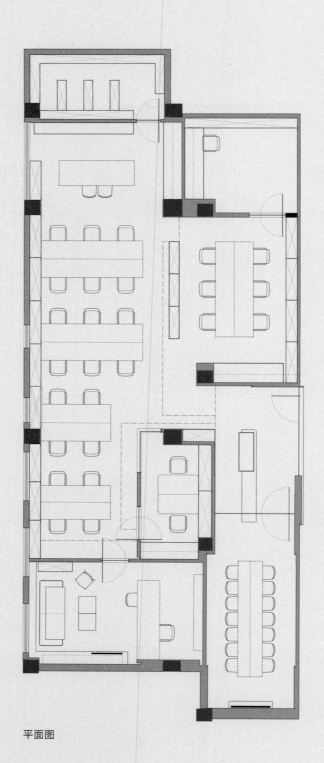

平面图

面积：
180 平方米

完成时间：
2016 年

设计：
Mess 建筑事务所

摄影：
Flesz 工作室

波兰，华沙市

华沙市
摄影工作室

这个摄影工作室位于一个旧工厂内，周围有很多类似造型和性质的建筑。

一个工业时间胶囊

这栋建筑内有一个焊接车间，随着时间的推移，这里的工业风格的内部设计需要进行调整，使其更能满足生产所需的条件。车间内部有很多焊接设备和金属压力机。多年来，建筑内部发生了彻底的变化，工业生产过程甚至引发了建筑功能退化。

建筑东向墙壁上的窗户几乎都脱落了，这是受损最严重的部分。当残存的石膏被剥落后，窗户周围出现了影响原墙体结构的情况，这是车间内部长期使用的设备造成的。

保留特征

这个项目所用的材料主要是由这里曾经进行的工业活动所需的实际环境决定的。考虑到建筑的后工业化特征，设计团队认为钢材是一种合适的建筑材料，它不仅是建筑结构的主要部分，还给后期装饰带来了很大的影响。

将室内各个区域连接起来的通道以钢构件为基础，它们在室内的现代特征和这栋老建筑的工业灵魂之间建立起时间的桥梁。整个空间充满复古韵味，可以给摄影师带来灵感。

工业与办公空间——如今的创意场所

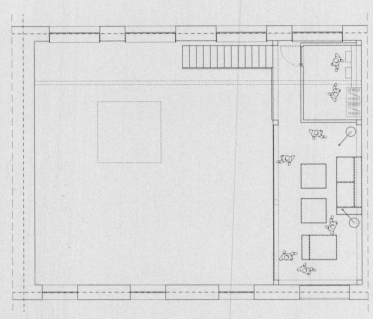

夹层平面图

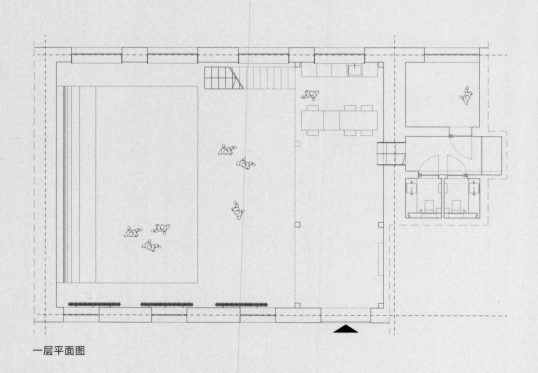

一层平面图

工业与办公空间——如今的创意场所

面积：
85 平方米
完成时间：
2015 年
设计：
ISSADESIGN 工作室
摄影：
阿德里恩·威廉姆斯（Adrien Williams）

加拿大，蒙特利尔市

ISSADESIGN 工作室

ISSADESIGN 工作室位于距离蒙特利尔市区一步之遥的一个不断发展和充满活力的街区内，这里交通便利。这栋建筑本身有着悠久的历史，始建于 20 世纪 40 年代，最早是一个水果店，建筑有一扇宽大的滑动门。后来，这栋建筑被一家涂料制造商收购。当 ISSADESIGN 买下这栋建筑并将其改造成工作室时，决定保留一些这里原有的元素。

项目将建造技术、当代设计、静谧的自然光线和过去的记忆完美地结合在一起，使设计概念逐渐深入人心。

激励团队成员和客户

空间被垂直分割成工作区和迎宾区两个部分。办公室可以为团队成员和来访者提供一个温馨、宜人的空间以进行创作。

在一楼，人们可以通过一个白色的小空间进入办公室，办公室右边有一个混凝土楼梯，将人们引向二楼，二楼设有会议室，中央有一个长长的会议桌，周围是精选的样品。天花板上使用了旧混凝土瓷砖，并被漆成白色。

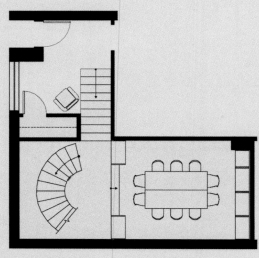

二层平面图

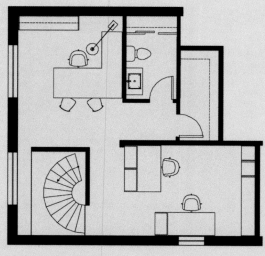

一层平面图

设计师的画布

另一处混凝土楼梯将两个更高的楼层连接起来。三楼的工作室沐浴在自然光下，是可以让人们专注工作的理想场所。室内所有设施都为白色，平时，工作室内坐满了 ISSADESIGN 的设计师，他们在一个开放的、明亮的空间里进行创作。

空间之间的关系促进了工作环境之间的流通，提高了使用者的生产力和创造力。而对形式、材料和空间结构的关注则反映了设计公司的专业能力和审美能力。

工业与办公空间——如今的创意场所

面积：
167 平方米
完成时间：
2016 年
设计：
The Roof 工作室
摄影：
加文·扬（Gavin Yam）

马来西亚，梳邦再也市

屋顶生活概念
工作室

本案设计师对"工业魅力"的设计理念进行了探索，将本项目的整个空间分成两个主要部分，即展厅和设计工作室，它们被半私密性的区域分隔开来。

原始与精致

主入口的右前方是展厅，配有舒适的软装饰和自动化的智能家居系统，环境简单、质朴，深色配色也使室内环境更加舒适，特别是在有自然光线的情况下。未经加工的工业化构件（水泥、裸露的砖块和天然木材）与各种各样精致的材料（石英和大理石）、迷人的装饰（水晶吊灯、皮革、毛皮和镜面装置）搭配使用，带来了强烈的视觉冲击，而且没有影响舒适性。这种原始与精致之间动态的冲突象征着不完美之美。

展厅采用了开放空间的概念，进一步划分为生活区、餐厅和配备了先进电器的功能齐备的厨房。当未被使用时，展厅还可作为设计工作室的延伸，就餐空间可以变成会议区，而厨房可以充当食品储藏室，生活区则自然地变成了员工休息区。

用金属折叠玻璃板进行分隔的设计工作室采用了白色的配色和温暖的木地板，以提供更舒适的工作环境，并激发设计师的创造力。

开放的平面

开放式的设计也鼓励了员工之间的自由交流。在设计过程中，实用性和成本效率一直是设计师主要的关注点，特别是设计开放的概念布局时，要确保每个空间都有足够的自然光，以减少能源消耗。同时，天然木材、混凝土地板和裸露的砖墙也融入了设计中。作为一个整体，各种对比鲜明的设计元素和谐相融，营造了一个富有魅力的复杂空间，并将人们的注意力吸引到整个工作室的独特视觉焦点上。

平面图

248

面积:
676 平方米

完成时间:
2012 年

设计:
Havana 建筑事务所,
卡尔·布儒瓦 (Carl Bourgeois)

摄影:
菲利普·杜雅尔丁 (Filip Dujardin)

比利时,安特卫普市

画家科恩·范登布罗克的工作室

比利时画家科恩·范登布罗克 (Koen van den Broek) 买下了比利时安特卫普市东侧运河沿岸的一个旧车库。他厌倦了在一个小画室里画画,他需要更多的氧气和空间,而且,他的画作的尺寸也越来越大,于是他选中了一个长方形的旧车库。

一场建筑之旅

科恩买下车库不久之后,在他的朋友——艺术评论家沃特·达维茨 (Wouter Davidts) 的推荐下,他联系了

建筑师蒂欧·范梅尔黑格。他们有着相似的艺术直觉和兴趣,长期且富有成效的合作由此展开了,合作的最终结果是这个新工作室的诞生。

科恩·范登布罗克的作品以记录其美国之旅的照片为基础,因此,建筑师将项目设想成穿越世界的旅行——一场有着多个目的地的建筑之旅。画家每天都在这里寻找新的创意和体验。

一个工作室，一个展览空间，也是一个住宅

车库只有一层，里面是仓库、货栈和各种延伸结构。车库没有窗户，导致内部空间非常昏暗。

工作室的中央是长长的矩形工作间，这里曾是更换机油或零件的地方，汽车经常在这里进进出出。该空间是新工作室的基础，六个双开门将其与六个完全不同的空间联系起来，它们构成了这个新工作室。如果把工作室比作一个太空站，那么这些门就是太空闸门。

左侧的前两扇门后都有一个很大的储物空间。第三扇门通向图书室，这里也是一个放映室。这个空间的外部以桦树皮板作为覆面，由于这个房间不是画画的地方，因此建筑师决定不考虑在里面悬挂东西的需要。

工作室的左侧由于被邻居的屋顶露台遮挡而无法获得自然光线，右侧则有机会获得日光，因此工作空间均位于工作室的右侧。图书室的对面是"白色立方体"的入口，科恩主要是在这里进行创作的，而这个房间还可以用来举办各种展览活动。中央画室右侧的中门通往绘画工作室，这里如今被用作工作空间。空间内有一个面向露台的大型玻璃立面，透过玻璃立面能看到外面的庭院，这个"镜面"庭院有通向中央空间的门，但其主要功能是将工作空间和临街的小型备用房分隔开。小型浴室、厨房和卧室构成了一个完整的居所，从工作室中独立出来。

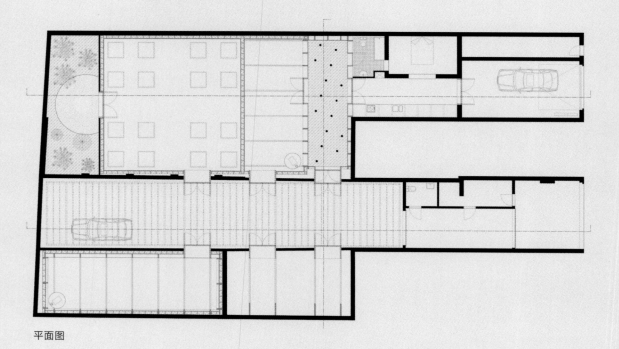

平面图

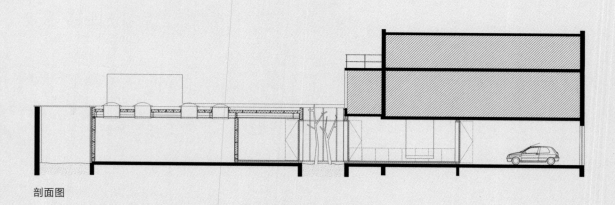

剖面图

索引

图书在版编目（CIP）数据

理想工作室：艺术家和设计师的创意空间 /（荷）彼得·格拉夫（Pieter Graaff）编；潘潇潇译 . — 桂林：广西师范大学出版社，2020.9
ISBN 978-7-5598-2874-3

Ⅰ.①理… Ⅱ.①彼… ②潘… Ⅲ.①办公室–室内装饰设计–案例 Ⅳ.① TU243

中国版本图书馆 CIP 数据核字 (2020) 第 091377 号

理想工作室：艺术家和设计师的创意空间
LIXIANG GONGZUOSHI: YISHUJIA HE SHEJISHI DE CHUANGYI KONGJIAN

责任编辑：冯晓旭
助理编辑：曲　克
装帧设计：吴　迪
广西师范大学出版社出版发行

（广西桂林市五里店路 9 号　　　邮政编码：541004）
（网址：http://www.bbtpress.com）

出版人：黄轩庄
全国新华书店经销
销售热线：021-65200318　021-31260822-898
恒美印务（广州）有限公司印刷
（广州市南沙区环市大道南路 334 号　　邮政编码：511458）
开本：889mm×1 194mm　　　1/16
印张：17.25　　　　　　　字数：135 千字
2020 年 9 月第 1 版　　　2020 年 9 月第 1 次印刷
定价：228.00 元